ROLF REINICKE

KLIFF & STRAND

UNSERE OSTSEEKÜSTE

DEMMLER VERLAG

ROLF REINICKE

KLIFF & STRAND

UNSERE OSTSEEKÜSTE

DEMMLER VERLAG

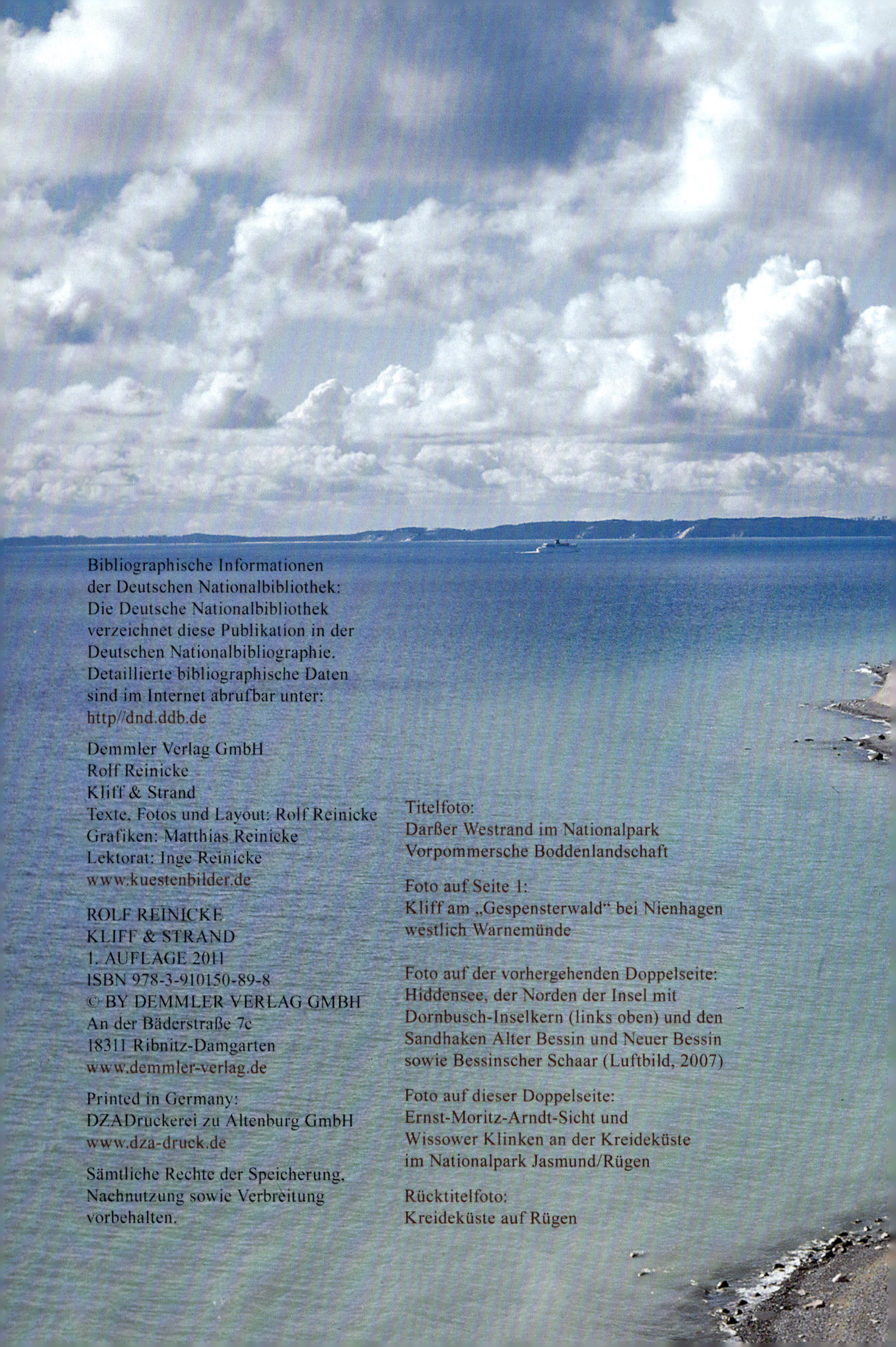

Bibliographische Informationen
der Deutschen Nationalbibliothek:
Die Deutsche Nationalbibliothek
verzeichnet diese Publikation in der
Deutschen Nationalbibliographie.
Detaillierte bibliographische Daten
sind im Internet abrufbar unter:
http//dnd.ddb.de

Demmler Verlag GmbH
Rolf Reinicke
Kliff & Strand
Texte, Fotos und Layout: Rolf Reinicke
Grafiken: Matthias Reinicke
Lektorat: Inge Reinicke
www.kuestenbilder.de

ROLF REINICKE
KLIFF & STRAND
1. AUFLAGE 2011
ISBN 978-3-910150-89-8

An der Bäderstraße 7c
18311 Ribnitz-Damgarten
www.demmler-verlag.de

Printed in Germany:
DZADruckerei zu Altenburg GmbH
www.dza-druck.de

Titelfoto:
Darßer Westrand im Nationalpark
Vorpommersche Boddenlandschaft

Foto auf Seite 1:
Kliff am „Gespensterwald“ bei Nienhagen
westlich Warnemünde

Foto auf der vorhergehenden Doppelseite:
Hiddensee, der Norden der Insel mit
Dornbusch-Inselkern (links oben) und den
Sandhaken Alter Bessin und Neuer Bessin
sowie Bessinscher Schaar (Luftbild, 2007)

Foto auf dieser Doppelseite:
Ernst-Moritz-Arndt-Sicht und
Wissower Klinken an der Kreideküste
im Nationalpark Jasmund/Rügen

Rücktitelfoto:
Kreideküste auf Rügen

INHALT

UNSERE OSTSEEKÜSTE

Die Ostseeküste zwischen Ahlbeck und Flensburg ist das beliebteste Urlaubs- und Freizeitgebiet in Deutschland. Kliff und Strand wirken nicht nur im Sommer wie ein Magnet auf alle, die Erholung, Entspannung und Erlebnisse in der faszinierenden Natur und Landschaft an unserer Küste suchen. Die Faszination des beständig bewegten Meeres und seiner vielfältigen Ufer zieht viele in ihren Bann. Dabei erwacht oft das Interesse an den geologischen Vorgängen, die hier so ungewöhnlich gut zu beobachten sind. Das Zurückweichen der Steilufer, die Wanderung des Sandes parallel zur Küste und die Bildung neuer Sandhaken oder Nehrungen durch das Meer kann man hier selbst beobachten. Man erkennt, dass die Küste in beständiger Bewegung ist.

Dieses Buch gibt einen Überblick über die landschaftliche Vielfalt und Schönheit sowie die Dynamik der deutschen Ostseeküste. Es vermittelt – allgemein verständlich – wie diese Küste entstand, woraus sie besteht und wie sie sich fortwährend verändert. Es zeigt und erklärt in einfacher Weise die abwechslungsreichen Formen und das Baumaterial der Ufer sowie die Kräfte, von denen sie gestaltet werden. Wer mehr darüber weiß, wird auch bei seinen Wanderungen mehr entdecken und erleben. Autor und Verlag möchten somit anregen zum eigenen Beobachten unserer Küste – von Kliff und Strand.

Foto:
Das Nordkap Deutschlands: Kap Arkona auf Rügen ist der linke Vorsprung mit dem hoch aufragenden Steilufer aus Schreibkreide und Lehm, das immer wieder von gewaltigen Abbrüchen betroffen ist. Im Vordergrund liegt das aktive Kliff zwischen dem Kap und Gellort. Der bewachsene Abschnitt des Kliffes wurde an seinem Fuß durch eine Schutzmauer gesichert. Hier ist besonders deutlich zu erkennen, an welcher Stelle der Mensch die Küste beeinflusst hat.

DIE GESCHICHTE DER KÜSTE
JUNGES MEER MIT FRISCHEN UFERN

Die Ostsee ist ein **Kind der Eiszeit**. Im Laufe der vergangenen 500.000 Jahre drangen von Skandinavien aus mehrfach gewaltige Eismassen – **das Inlandeis** – weit nach Süden vor. Dabei schürften sie nicht nur das Ostseebecken aus. Sie hinterließen auch, als sie vor etwa 12.000 Jahren endgültig abschmolzen, im nördlichen Mitteleuropa eine dicke Schicht lockerer Ablagerungen: Sand, Kies, Mergel und viele Gesteinsbrocken. Dieser **Glazialschutt** bildet heute fast überall das Fundament der deutschen Ostseeküste. Die aber entstand nicht sofort nach der Eiszeit. Denn damals lag der Pegel der Weltmeere noch weit unter dem heutigen. Als erster Vorläufer der Ostsee bildete sich vor ca. 11.000 Jahren ein See – der von Resten des Inlandeises angestaute **Baltische Eissee**.

Vor 10.500 Jahren drang dann mit ansteigendem Meeresspiegel erstmals Salzwasser – das **Yoldiameer** – in die tiefer gelegenen Areale der Ostseesenke ein. Schon bald wurde aber die Verbindung zum Atlantik durch Landhebung unterbrochen; das Meer wurde wieder zum See – zum **Ancylussee**. Erst vor etwa 6.500 Jahren strömte durch den rasch steigenden Pegel der Weltmeere erneut Salzwasser ein. Der Ancylussee wurde zum **Litorinameer**.

Vor ungefähr 4.000 Jahren erreichte der Meeresspiegel endlich seinen heutigen Stand. Erst von diesem Zeitpunkt an kann man eigentlich von der **Ostsee** sprechen. Seither ist ihr Pegel nur noch geringen Schwankungen unterworfen. Und seit dieser Zeit arbeitet das Meer unablässig auf heutigem Niveau an seiner Küste.

Foto:
Junge, dynamische Ostseeküste: Kliff und Strand am Streckelsberg auf Usedom. Der hier an den Steilufern vorhandene Sand wird vom Meer abgetragen und bildet die breiten Sandstrände an der Außenküste der Insel.

Foto:
Das Meer formt seine Küste – hier an der Halbinsel Klein Zicker auf Rügen. Im flachen Wasser vor dem laufend zurückweichenden Ufer ist eine Brandungsterrasse (Abrasionsplatte) entstanden – eine fast ebene, nur wenig seewärts geneigte Fläche. Brandungsterrassen bildeten sich auch während der Stillstandsphasen beim nacheiszeitlichen Anstieg des Meeresspiegels.

UFER IN BEWEGUNG
ENTWICKLUNG DER KÜSTENLINIE

Die besondere Entwicklung der Ostsee (See – Meer – See – Meer) hatte auch eine besondere Entwicklung ihrer Küstenlinie zur Folge. Nur langsam schob sich diese, bedingt durch den nacheiszeitlichen Meeresspiegelanstieg, in Richtung auf ihre heutigen Ufer vor. Dabei erfolgte der Anstieg des Pegels keinesfalls gleichmäßig. Zeitweise stieg er um etwa 2,5 cm pro Jahr – 25-mal so schnell wie heute. Zeitweise verharrte er aber auch längere Zeit auf einem Niveau. Bei einem solchen Stillstand bildeten sich neben Steilufern auch **Brandungsterrassen** (Abrasionsplatten). Während die Steilufer später vom Meer „überarbeitet" wurden, blieben die Brandungsterrassen erhalten und sind noch heute am Meeresboden deutlich erkennbar.

Brandungsterrassen geben also Auskunft über den Verlauf früherer Küstenlinien. Zwei dieser Linien – und die heutige – sind auf der Karte unten dargestellt.

Natürlich veränderte sich die Küstenlinie auch noch, als der heutige Meeresspiegel vor ungefähr 4.000 Jahren erreicht war. Auf langen Strecken wichen danach die Steilufer um mehr als einen Kilometer zurück. Auch dabei bildeten sich – vor den zurückweichenden Steilufern – an vielen Stellen der heutigen Küste die charakteristischen Brandungsterrassen, die oft als ausgeprägte Flachwasserzonen („Schaar") vor den Steilufern erkennbar sind. An anderen Stellen schüttete das Meer kilometerlange Sandhaken und Nehrungen auf.

Karte:
Ausdehnung des Meeres und Küstenlinien an der südlichen Ostsee vor 9.500 Jahren, vor 6.500 Jahren und heute

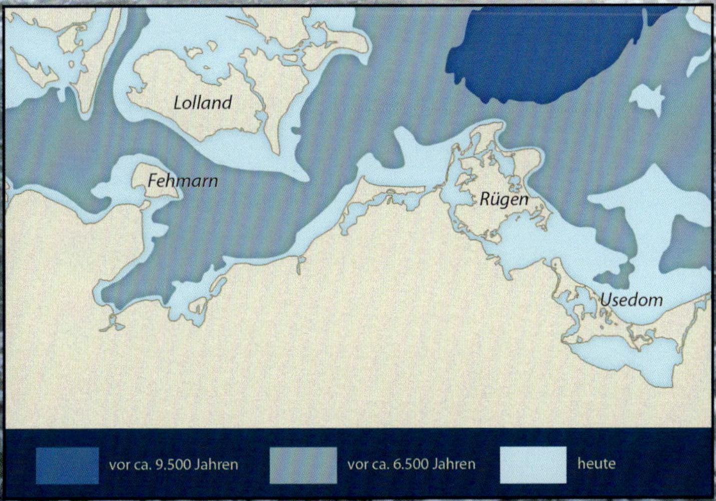

KÜSTENTYPEN

Ausgleichs-, Buchten-, Bodden-, Fördenküsten …

Unsere deutsche Ostseeküste ist insgesamt eine **Ausgleichsküste**. Überall gibt es an den Ufern die kaum verfestigten eiszeitlichen Ablagerungen. Diese können vom Wasser leicht abgetragen und verfrachtet werden. Während diese Moränen zurückweichen, bilden sich an anderen Stellen Aufschüttungen des Meeres. So wird die Küste im Laufe der Zeit „begradigt“, also ausgeglichen. Dieser Küstenausgleich findet an allen Uferabschnitten statt, wenn auch in sehr unterschiedlichem Maß. Entscheidend für den jeweiligen Küstentyp ist das Relief der Landschaft, die das Eis hinterlassen hatte und die später teilweise vom Meer überflutet wurde. Aus den von gewaltigen Eiszungen ausgeschürften riesigen, flachen Senken wurden breite Buchten, eine **Buchtenküste** entstand. Schmale Gletscherzungen führten zur Entstehung von Tälern, die zu engen Meeresarmen wurden – zur **Fördenküste**. In Gebieten mit vielen Erhebungen entstanden zahlreiche Inseln und Halbinseln. Dort entwickelte sich eine **Boddenküste**. Manche tief ins Land eingreifende Senke wurde zur Mündungsbucht eines Flusses. Durch eine Nehrung fast abgeriegelt, bildete sich dort ein Haff – eine **Haffküste**.

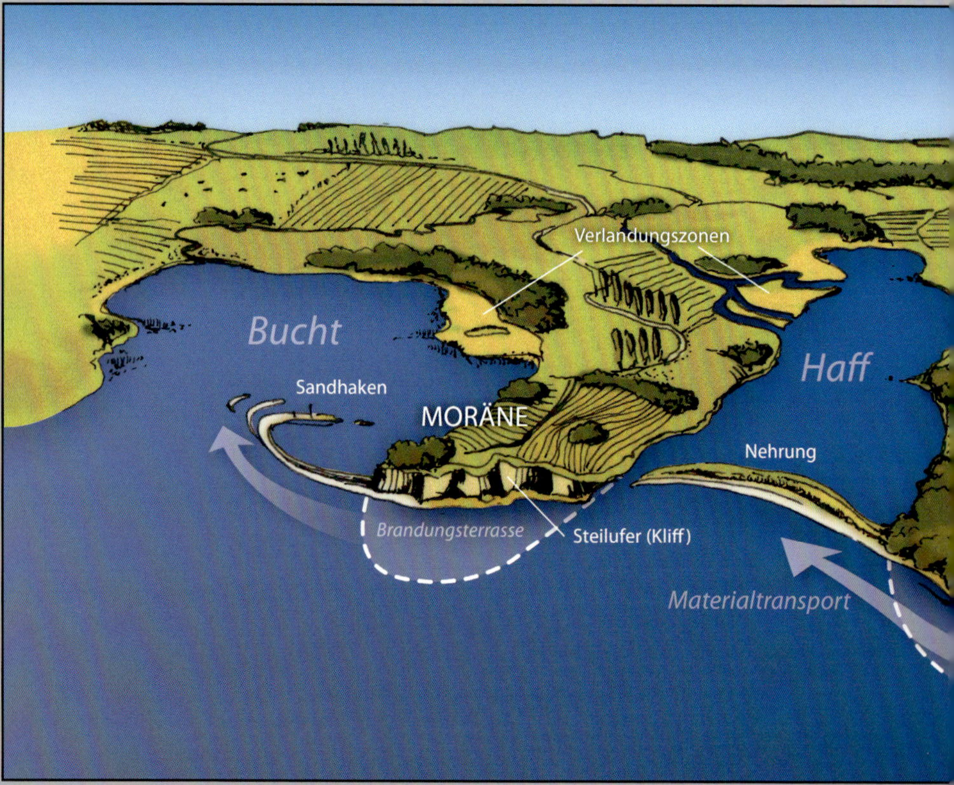

KÜSTENFORMEN

Steilküsten und Flachküsten: Kliffe, Sandhaken, Nehrungen …

Überall an der deutschen Ostseeküste findet man – ganz unabhängig vom Küstentyp – die gleichen Grundformen der Ufer: **Steilküsten** und **Flachküsten**.

Steilküsten haben natürlich **Steilufer**, zu denen man auch **Kliff** sagt. An den sehr unterschiedlich hohen Steilufern gibt es Abschnitte ohne Bewuchs, die beständig oder zeitweise abgetragen werden: **aktive Steilufer** (aktive Kliffe). Die **inaktiven Steilufer** (inaktive Kliffe) erkennt man an ihrem Bewuchs. Sie waren früher einmal aktiv.

Alle sandigen Flachküsten sind Aufschüttungen des Meeres. Zuerst entstehen lang gestreckte, schmale **Strandwälle**. Aus mehreren Strandwällen bilden sich **Sandhaken**, die oft weit hinein ins Meer reichen. Erreicht ein Sandhaken das gegenüber liegende Ufer oder wächst mit einem anderen Sandhaken zusammen, entsteht eine **Nehrung**. Mehrere hintereinander gestaffelte Strandwälle mit dazwischen liegenden Strandseen ergeben eine **Strandwallebene**. Die oft sehr ausgedehnten **Seesandebenen** (exakt: Meersandebenen) bilden sich auf breiten Untiefen (Brandungsterrassen). In stillen Buchten können weite **Verlandungszonen** entstehen.

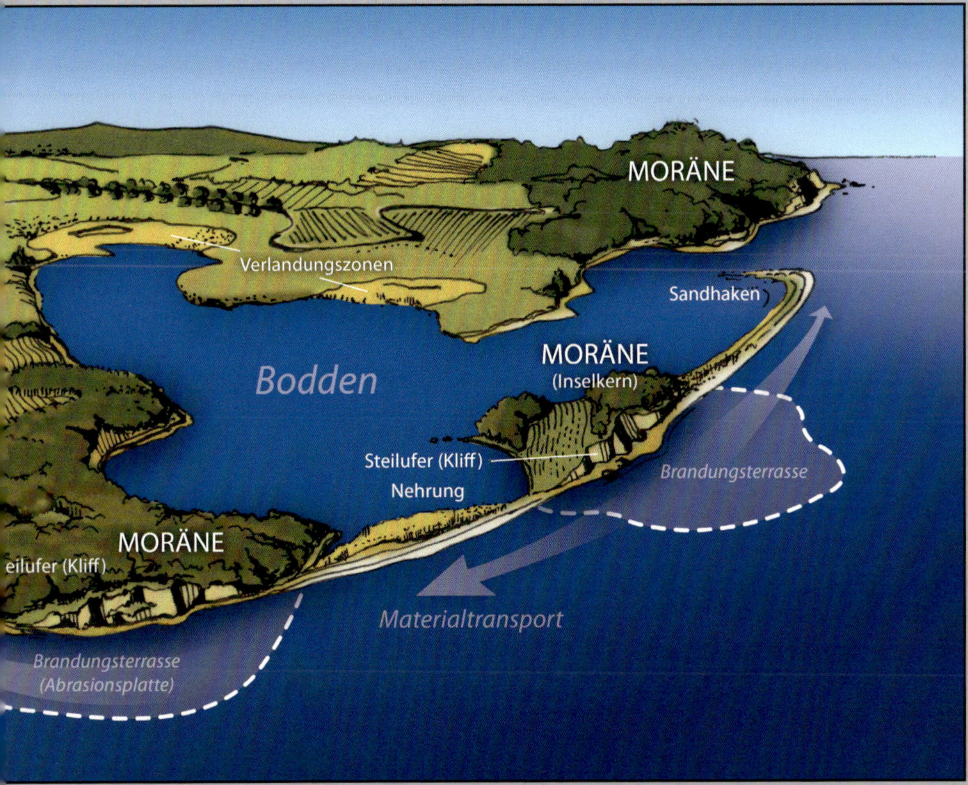

AUSGLEICHS- UND HAFFKÜSTE
AUF USEDOM

Die Außenküste der Insel Usedom schwingt in weiten, ganz flachen Bögen. Hier ist der Küstenausgleich bereits weit fortgeschritten. An dieser **Ausgleichsküste** zwischen Peenemünder Haken und Swinemündung wechseln mehrfach bewaldete Inselkerne und bewaldete Nehrungen – Steilküste und Flachküste. Davor erstrecken sich, fast auf der gesamten Länge, auffallend breite Sandstrände. Der Sand (Schmelzwassersand) stammt zum großen Teil aus den Steilufern der eiszeitlichen Inselkerne, die meist von Endmoränen gebildet werden. Außerdem lagerten hier, im Mündungsgebiet der Oder, schon unmittelbar nach dem Abschmelzen des Inlandeises gewaltige Sandmassen. Sie bildeten auch das meiste Baumaterial, als die Ostsee im nördlichen Teil der Insel weite Seesandebenen aufschüttete.

Die „Binnenküste" der Insel wird vom Stettiner Haff, dem Achterwasser und dem Peenestrom, (der beide miteinander verbindet) gebildet. An dieser **Haffküste** sind die Ufer, ähnlich wie an der Boddenküste, reich gegliedert und nur wenig von der Küstendynamik beeinflusst. Die vorhandenen Steilufer zeigen sich heute fast alle inaktiv, die Sandhaken bewachsen. Charakteristisch für die Haffküste sind Verlandungszonen und ein ungewöhnlich breiter Röhrichtgürtel. Er gedeiht hier besonders gut, weil durch die Oder, die in das Stettiner Haff mündet, soviel Süßwasser einströmt, dass der Salzgehalt der Gewässer deutlich geringer ist als das der Bodden.
Von der Swine-Niederung ragt eine besondere Küstenform, ein **Rückstromdelta**, in das Haff – entstanden aus feinsandigen Ablagerungen, die von der Swine bei Sturmhochwasser vom Meer ins Haff gespült wurden.

Foto:
Ausgleichsküste auf Usedom - Blick auf die Außenküste mit dem Steilufer am Langen Berg bei Bansin im Vordergrund. Darüber ist die bewaldete Flachküste der Pudagla-Niederung zu erkennen.

Karte:
Die Insel Usedom hat an ihrer Außenküste, an der Pommerschen Bucht, den fast geradlinigen Verlauf einer perfekten Ausgleichsküste. Usedom ist über eine breite Nehrung, die Swine-Niederung, mit der Insel Wollin verbunden.

BODDEN- UND AUSGLEICHSKÜSTE
AUF RÜGEN, HIDDENSEE, ZINGST, DARSS UND FISCHLAND

Foto:
Die Schaabe, die größte Nehrung der Insel Rügen: ihr Außenstrand verläuft im eleganten Schwung und verbindet die Halbinsel Wittow (im Hintergrund) mit der Halbinsel Jasmund. Rechts die Tromper Wiek, eine Ostseebucht, links der Große Jasmunder Bodden.

Karte:
Die Vorpommersche Küste besitzt zahlreiche Sandhaken und Nehrungen. Rügen und Hiddensee haben hohe Inselkerne. Darß und Zingst sind völlig flach.

Diese Region Vorpommerns ist bekannt durch die landschaftliche Vielfalt ihrer einzigartigen **Doppelküste**: Die in großen Schwüngen verlaufende, vom Küstenausgleich geformte **Außenküste** und die reich gegliederte, vielgestaltige **Boddenküste** im Hinterland.

Die **Bodden** sind einstige Buchten der freien Ostsee, die heute durch Sandhaken und Nehrungen weit gehend (aber nicht völlig) vom offenen Meer abgeschnürt sind. Auch die vorpommerschen Bodden sind also ein Ergebnis der Küstendynamik, des Küstenausgleichs.

An der Außenküste der Insel Rügen gibt es mehrere höhere Inselkerne, die sich als Halbinseln weit ins Meer vorschieben.

Der Küstenausgleich schuf hier girlandenförmige Nehrungen, welche die Inselkerne miteinander verbinden.

Einzigartig ist auch die **Kreidesteilküste** auf der Halbinsel Jasmund – Deutschlands höchstes Meeresufer.

Hiddensees Inselkern, der Dornbusch, lieferte das Baumaterial für den langgestreckten flachen Teil der Insel mit den Sandhaken Gellen und Bessin.

Darß und Zingst sind zum überwiegenden Teil Aufschüttungen des Meeres auf flachen Untiefen. Das Fischland hat einen hohen Inselkern.

An der Vorpommerschen Boddenküste liegen die beiden Nationalparke der deutschen Ostseeküste: der Nationalpark Vorpommersche Boddenlandschaft und der Nationalpark Jasmund.

BUCHTENKÜSTE
IN MECKLENBURG UND OSTHOLSTEIN

Die Ostseeufer zwischen Fischland und Ostholstein zeichnen, ganz grob, den Rand einer gewaltigen Eiszunge nach. Diese schob sich bei einem letzten Vorstoß des Inlandeises nach Südwesten vor und schürfte dabei eine flache Senke aus – die heutige **Mecklenburger Bucht**. An ihren Ufern bestimmen Steilufer – aktive und inaktive – unterschiedlicher Höhe das Landschaftsbild. Im Vergleich zu der östlich gelegenen vorpommerschen Küste gibt es hier keine größeren Aufschüttungen des Meeres. Die vorhandenen Nehrungen und Sandhaken gleichen meist nur kleinere „Unebenheiten" im sanft geschwungenen Küstenverlauf aus.

Abwechslungsreicher, „kleinteiliger", zeigt sich hier die Küste der großen Bucht nur an ihren Ausläufern, im Bereich von **Wismarbucht** und **Lübecker Bucht**.

Mit ihren Seitenarmen stößt die Wismarbucht so tief gegen die Endmoränen ihrer Umrandung vor, dass ihr südlicher Bereich nahe Wismar den südlichsten Punkt der gesamten Ostsee bildet. So wie am Südrand der Lübecker Bucht, an der Untertrave, haben hier vom Rand des Inlandeises vorstoßende Gletscherzungen Täler geformt, die heute überflutet sind. Sie entsprechen damit den Förden westlich von Fehmarn.

Foto:
Das Kliff bei Nienhagen westlich von Warnemünde ist bekannt durch seinen „Gespensterwald" – einen im Seewind skurril gewachsenen Buchenhochwald. Das aktive Steilufer aus Geschiebelehm ist typisch für diesen Küstenabschnitt.

Karte:
An den Ufern der Mecklenburger Bucht mit ihren beiden Nebenarmen Wismarbucht und Lübecker Bucht dominieren eiszeitliche Ablagerungen.

FÖRDEN- UND BUCHTENKÜSTE
IN SCHLESWIG-HOLSTEIN

Tief ins Land hinein ragende Meeresarme – **Förden** – sind die Besonderheit der Landschaft im westlichsten Abschnitt der deutschen Ostseeküste. Ursprünglich waren die Förden flache Täler, durch die sich bei früheren Eisvorstößen die Schmelzwässer ihren Weg suchten. Beim letzten Vorstoß des Inlandeises schoben sich lange, oft recht schmale Gletscherzungen von der Hauptmasse des Eises aus in diese Täler hinein und überformten sie. Dabei entstanden an den Förden wohl auch einige der hohen, steilen Uferhänge, die heute bewaldet sind und die man kaum als Ergebnis der Küstendynamik, als durch das Meer geformte Kliffe, erklären kann.

An den abwechslungsreichen Ufern der schleswig-holsteinischen Außenküste, also an der Kieler Bucht und auf der Insel Fehmarn, gibt es einige bemerkenswerte aktive Steilufer wie die bei Holnis, Stohl, Dänisch Nienhof oder westlich von Heiligenhafen.

Größere Bauwerke des Meeres sind hier aber ähnlich selten wie an der Mecklenburger Bucht. Der Graswarder bei Heiligenhafen oder die Lotseninsel an der Mündung der Schlei sind weithin bekannte Beispiele für jüngere Sandhaken. Die Geltinger Birk ist die besondere Form einer Strandwallebene – ein Höftland.

Foto:
Die Schlei bei Kappeln – Dieses Gewässer ist kein Fluss, sondern eine schmale, lang gestreckte Ostseebucht, eine Förde. Der Heringsfangzaun im Vordergrund ist der beste Beweis, dass es sich hier um einen Meeresarm handelt: Heringe gibt es nur im Meer.

Karte:
Die Fördenküste im westlichsten Teil der deutschen Ostseeküste

BAUMATERIAL UND BAU DER KÜSTE

Unsere deutsche Ostseeküste zeigt eine ungewöhnliche landschaftliche Vielfalt. Dabei ist das Material, aus dem sie aufgebaut ist, gar nicht so abwechslungsreich. Beim prüfenden Blick auf unbewachsene Steilufer erkennt man fast überall ähnliche Ablagerungen: Mergel, Lehm, Sand; hin und wieder etwas Ton oder Kies. Nur an wenigen Stellen bildet Kreide das Kliff. Die Flachküsten bestehen zum allergrößten Teil aus Sand und Kies.

Dieses einfache, relativ weiche, oft lockere Baumaterial zeigt aber sehr verschiedenartige Lagerungsformen, also einen ganz unterschiedlichen Bau, den man an vielen Steilufern erkennt. Er ist die Ursache für die immer wieder beeindruckende Vielfalt unserer Küste.

Das Baumaterial dieser „weichen" Ufer wurde – bis auf wenige Ausnahmen – erst im Verlauf der vergangenen 20.000 Jahre abgelagert oder umgelagert. Es stammt aus der Endphase der Eiszeit oder aus der Nacheiszeit. Damit zählt die Ostseeküste, aus geologischer Sicht, zu den jüngsten Landschaften in Deutschland.

Nicht bewachsene Steilufer bieten übrigens einzigartige Möglichkeiten, das Baumaterial und den Bau des Untergrundes zu studieren.

Foto:
Das Dornbuschkliff auf Hiddensee ist aufgebaut aus eiszeitlichen Ablagerungen – aus Geschiebemergel, Geschiebelehm und Schmelzwassersand einer Endmoräne. Das Strandgeröll bilden die aus der Moräne ausgewaschenen Geschiebe.

GESCHIEBEMERGEL UND -LEHM

UNTER DEM INLANDEIS ABGELAGERT

Manche Steilufer unserer Küste zeigen eine besondere Farbigkeit. Dabei ist es nur simpler Lehm, der hier im Goldocker leuchtet – Geschiebelehm. Er ist hervorgegangen aus Geschiebemergel. Geschiebemergel und Geschiebelehm sind das weitaus häufigste Baumaterial der Steilküsten.

Geschiebemergel entstand als **Grundmoräne** unter dem Inlandeis. Seine Grundmasse besteht aus den fein zermahlenen Resten anderer Gesteine – aus feinsten Ton- und Kalkpartikelchen. Dieses Gemisch nennt man **Mergel**. Darin eingelagert sind neben reichlich Sand und Kies auch Gesteinsbrocken von vielerlei Art und Größe. Diese vom Eis geschobenen Gesteine – die **Geschiebe** – stecken im **Geschiebemergel** wie die Rosinen im Kuchenteig.

Der im frischen Zustand stets graue Geschiebemergel verwittert rasch an der Oberfläche und wird zu **Geschiebelehm**. Dabei wird der Kalk herausgelöst. Außerdem oxidieren die Eisenverbindungen: das Gestein „rostet“ und bekommt dadurch seine charakteristische braune bis ockergelbe Farbe.

Foto:
Geschiebelehm am Kliff der Halbinsel Klein Zicker auf Mönchgut/Rügen.

Grafik im oberen Kreis:
Rand des Inlandeises mit Grundmoräne und Endmoräne

Foto im unteren Kreis:
Frischer Geschiebemergel mit vielen Geschieben an einem Kliff (ø ca. 1 m)

Andere Beispiele für Steilufer aus Geschiebemergel/Geschiebelehm:
Kliff bei Stohl nördlich Kiel,
Brodtener Ufer bei Travemünde,
Stoltera bei Warnemünde,
Fischlandkliff bei Wustrow,
Dornbuschkliff auf Hiddensee

Inlandeis
Endmoräne
Grund-
moräne

Baumaterial der Küste

SAND, KIES, SCHLUFF
VOM SCHMELZWASSER ABGELAGERT

Der vom Schmelzwasser beim Tauen des Inlandeises abgelagerte Sand heißt natürlich **Schmelzwassersand**. Auch er ist ein wichtiges Baumaterial der Steilküsten, aber längst nicht so verbreitet wie Geschiebemergel oder Geschiebelehm. Schmelzwassersand hat keine „innere Bindung“ und rutscht daher sofort von oben nach, wenn er am Fuß des Steilufers vom Wasser weggespült wird.

Der grobe **Schmelzwasserkies** ist ein Lockermaterial, das von schnell fließendem Wasser abgelagert wurde. **Bänderschluff** ist dagegen sehr feinkörnig und entstand in stillen Schmelzwasserseen. Beide entdeckt man hier und da an den Steilufern.

Sehr selten gibt es dort reinen, fetten **Ton**, der als Meeresablagerung zwischen zwei Vereisungen entstand (Cyprinenton auf Hiddensee und Rügen) oder schon vor der Eiszeit, im Tertiär (Tarraston auf Fehmarn).

Foto:
Kliff aus Schmelzwassersand am Südstrand von Göhren/Rügen

Foto im oberen Kreis:
Kliff aus Schmelzwasserkies – Gelbes Ufer auf der Halbinsel Zudar/Rügen

Foto im unteren Kreis:
Bänderschluff am Steilufer bei Neu Reddevitz/Rügen (ø ca. 2 m)

Beispiele für andere Steilufer aus Schmelzwasserablagerungen:
Holnis-Kliff /Flensburger Förde,
Kliff der Rostocker Heide bei Graal-Müritz,
Kliff am Streckelsberg bei Koserow/Usedom

GESCHIEBE
„BOTEN AUS DEM NORDEN“

Das Inlandeis hat sie vom Norden – aus Skandinavien und dem Ostseeraum – mitgebracht, geschoben. Deshalb nennt man sie **Geschiebe**, die größeren von ihnen auch **Findlinge**. Es sind harte Gesteinsbrocken unterschiedlichster Art, Herkunft und Größe, eingebettet in die eiszeitlichen Ablagerungen. Werden diese an den Steilküsten abgetragen, so bleiben die Geschiebe, manche viele Tonnen schwer, an den Stränden zurück.

Einen Strand, an dem die Geschiebe als Gerölle sehr dicht liegen, bezeichnet man als **Geschiebestrand**. Wenn sich besonders große Geschiebe so häufen wie auf dem Foto, so spricht man von einem **Geschiebeblockstrand**. Man findet sie besonders vor hohen, aktiven Steilufern.

Geschiebe sind das weitaus härteste Baumaterial der Küste. Die größeren kann das Meer nicht bewegen. Früher lagen sie viel häufiger an den Stränden. Die meisten von ihnen hat der Mensch in den vergangenen Jahrhunderten gespalten oder zerschlagen und als Baumaterial verwendet.

Heute stehen alle großen Findlinge an den Stränden unter Naturschutz.

Foto:
Geschiebeblockstrand
am Zickerschen Höft
auf Mönchgut/Rügen

Beispiele für andere
Geschiebeblockstrände:
Staber Huk/Fehmarn,
Fischlandkliff bei Wustrow,
Wittower Nordstrand westlich
Kap Arkona/Rügen,
Granitzer Ort bei Binz/Rügen

GLAZIALSCHUTTKÜSTE

KÜSTE AUS EISZEITLICHEN ABLAGERUNGEN

Als Glazialschutt werden alle eiszeitlichen (= glazialen) Ablagerungen bezeichnet – deshalb die nicht besonders schmeichelhafte Bezeichnung **Glazialschuttküste**. An vielen Steilufern unserer Küste bilden Geschiebemergel bzw. Geschiebelehm auf längerer Strecke das alleinige Baumaterial; an manchen ist es ausschließlich Schmelzwassersand.

An anderen Steilufern aber stößt man auf ein verwirrendes Neben-, Über- oder Durcheinander solcher Ablagerungen. Dabei handelt es sich meist um die Kliffe in Endmoränengebieten, in denen die Ablagerungen durch Eisschub gestaucht wurden.

Manchmal hatte sich auch das Inlandeis über Gebiete geschoben, in denen noch Eisreste („Toteis“) eines vorhergehenden Vorstoßes lagerten. Wurden große Toteisblöcke in die Moränen eingebettet, so tauten sie erst, als das Inlandeis längst geschmolzen war. Dabei sackten die Ablagerungen zusammen und kamen kräftig durcheinander.

Beispiele für Steilufer mit besonders interessantem geologischen Bau:
Groß Klützhöved bei Boltenhagen,
Dornbuschkliff /Hiddensee,
Kliff bei Mukran/ Rügen

Foto:
Das Fischlandkliff zwischen Wustrow und Ahrenshoop ist ein markantes Beispiel für den oft sehr komplizierten Bau einer Glazialschuttküste. Hier lagern Geschiebelehm und Schmelzwassersande neben- oder übereinander. Die braunen Schichten oben im Bild sind eisenreicher Ortstein, darüber erkennt man die Sande von Kliffranddünen, die erst in jüngerer Zeit entstanden.

Grafik:
Ablagerungen am Fischlandkliff, vom Wasser aus gesehen (nach W. SCHULZ)

NE
Kliffranddünen
SW
Grundmoräne
Grundmoräne
Geschiebemergel und Geschiebelehm
Schmelzwassersand mit Schluff
Schmelzwassersand
Dünen- und Strandsand

SCHREIBKREIDE
AM GRUNDE DES KREIDEMEERES ABGELAGERT

Foto:
Kreideküste am Wissower Ufer im Nationalpark Jasmund/Rügen (Foto: Inge Reinicke)

Andere Kreidesteilufer gibt es am Kap Arkona auf Rügen und (auch von einigen Punkten der deutschen Küste aus erkennbar) auf der dänischen Insel Møn (Møns Klint). Schreibkreide kann auch in Schollen unterschiedlichster Größe im Geschiebemergel der Grundmoränen eingelagert sein.

Foto im Kreis (ø ca. 1 m):
Schreibkreide mit eingelagertem Feuerstein, der als lagenweise angeordnete Knollen die Schreibkreide durchsetzt.

Die weiße Schreibkreide ist ein weiches Kalkgestein. Die Bezeichnung stammt her von ihrer früheren Verwendung als Tafelkreide.
Schreibkreide ist eine Meeresablagerung, entstanden vor rund 67 Millionen Jahren am Grunde des Kreidemeeres. Eine unvorstellbar große Zahl allerkleinster Kalkschalen einzelliger Meerestiere bildet ihre Grundmasse. Das Meiste davon sind Kalkscheibchen von einzelligen Panzergeißeltierchen, die nur mit dem Elektronenmikroskop erkennbar sind. Lediglich acht Prozent der Schreibkreide sind größer als ein Zehntelmillimeter. In der Schreibkreide eingeschlossen sind Feuerstein (S. 34) und viele Fossilien – Reste von Meerestieren aus der Kreidezeit.
Gelockerte Schreibkreide kann vom Meer leicht aufgeschlämmt und weggespült werden.

FEUERSTEINE
DIE HÄUFIGSTEN ALLER STRANDGERÖLLE

Feuerstein gibt es in großer Menge als Einlagerung in der Schreibkreide. Daher findet man ihn auch besonders häufig als Strandgeröll – und das nicht nur vor der Kreideküste.

Feuersteinreiche Kreide und Kreidekalke lagerten in weiten Teilen des südwestlichen Ostseeraumes an der Oberfläche, als sich das Inlandeis darüber schob. Dabei wurden Millionen Tonnen von Feuerstein aus dem Untergrund geschürft und verfrachtet. Aus den eiszeitlichen Ablagerungen herausgewaschen, ist er nun an den Stränden das häufigste aller Gerölle.

Neben den ausgedehnten Feuersteinstränden an der Kreideküste gibt es – ganz in deren Nähe – auch Strandwälle, die fast nur aus Feuerstein bestehen: die **Feuersteinfelder** (S. 62) auf der Schmalen Heide bei Neu Mukran unweit von Binz auf Rügen.

Foto: Feuersteinstrand an der Kreidesteilküste im Nationalpark Jasmund/Rügen

Foto im Kreis (ø ca. 50 cm): Feuersteingerölle in verschiedenen Varietäten und Formen von Ostseestränden

Schreibkreide mit Feuersteinbändern
Älterer Geschiebemergel
Jüngerer Geschiebemergel
Schmelz-wassersand
Bewuchs

KREIDEKÜSTE

STEILUFER – NICHT NUR AUS SCHREIBKREIDE

Foto:
Kreideküste in der Stubbenkammer im Nationalpark Jasmund/Rügen, im Hintergrund der 117 Meter hohe Königsstuhl, der höchste Punkt an der deutschen Küste

Grafik:
Beispiel für den Bau der Kreideküste im Nationalpark Jasmund – Schreibkreide mit Feuersteinbändern, dazwischen die typischen Streifen eiszeitlicher Ablagerungen – Blick von See auf das Ufer

Die Kreideküste im Nationalpark Jasmund auf Rügen ist Deutschlands höchstes und schönstes Meeresufer. Die Schreibkreide bildet hier beeindruckende, oft senkrechte Kliffe und markante Vorsprünge – Königsstuhl, Victoria-Sicht, Ernst-Moritz-Arndt-Sicht, Wissower Klinken …

Wer die Steilufer genau betrachtet, der merkt bald, dass an vielen Stellen streifenförmig Geschiebemergel und Schmelzwassersand eingelagert sind, die eigentlich gar nicht dorthin gehören. Diese ungewöhnliche Situation wird so erklärt: Der starre, bis tief in den Untergrund gefrorene Kreidekomplex von Jasmund wurde vom letztmals vorrückenden Eis wie von einer gigantischen Planierraupe gerammt. Dabei entstanden gewaltige Schreibkreideschollen, die sich dachziegelartig übereinander schoben. Auf diese Weise wurden die Schichten aus ihrer ursprünglich horizontalen Lagerung gebracht und schräg- oder sogar senkrecht gestellt. So gelangten auch bereits auf der Kreide vorhandene eiszeitliche Ablagerungen („Pleistozänstreifen“) zwischen die Kreideschollen. Die Schichtung der Schreibkreide erkennt man am Verlauf der Feuersteinbänder.

SAND, KIES, GERÖLL
DIE LOCKERMASSEN DER STRÄNDE

Foto:
Sand- und Kiesstrand bei Ludwigsburg am Greifswalder Bodden, unweit von Greifswald

Strände und Flachküsten unserer Ostseeufer sind aus Lockermaterial aufgebaut – aus Sand, Kies und Geröll. **Sand** besteht fast ausschließlich aus gerundeten Quarzkörnern, **Kies** und **Geröll** aus abgerundeten Gesteinsbruchstücken. Dieses Lockermaterial hat seinen Ursprung in den eiszeitlichen Ablagerungen der Steilküsten. Werden diese abgetragen und aufgeschlämmt, so gelangt das feinere Material – Ton-, Schluff- und Kalkpartikel – mit dem Wasser in uferferne Zonen. Dort wird es als Schlick bzw. Schlamm am Meeresboden abgelagert. Das Gröbere – also Sand, Kies und Geröll – bleibt dagegen an den **Sand-**, **Kies-** oder **Geröllstränden** zurück. Von dort wandert es im Wellenschlag und mit der Strömung im Flachwasser parallel zur Küste, oft viele Kilometer weit. Dabei wird es auf natürliche Weise sortiert: Grobes zu Grobem, Feines zu Feinem. Abhängig von der Transportkraft des Wassers bleibt das Grobe unterwegs zurück. Feines wandert weiter. Je länger das Lockermaterial unterwegs ist, desto einheitlicher wird seine Körnung.

Lockermaterial der Strände:
– Sand (Korn-ø 0,2 bis 2 mm)
– Kies (Korn-ø 2 bis 63 mm)
– Geröll (Korn-ø über 63 mm)

Sand *Kies* *Geröll*

SANDKÜSTE
STRÄNDE, DÜNEN, SEESANDEBENEN

Weite Bereiche der Flachküsten sind ganz und gar aus Sand aufgebaut. So die vielen Strände und Dünen auf den Sandhaken, Nehrungen und Seesandebenen. Sie sind das Ergebnis der aufbauenden Tätigkeit des Meeres und entstanden meist auf Untiefen in Ufernähe, auf überfluteten Brandungsterrassen (Abrasionsplatten) aus stabilem Geschiebemergel.

Sand ist ein sehr bewegliches Material ohne innere Bindung. Deshalb kann er leicht angespült und aufgehäuft werden. Jede Welle ist aber auch in der Lage, ihn wieder wegzuspülen. Deshalb sind Sandküsten die am wenigsten stabilen Küstenabschnitte – und die für den Menschen am wenigsten sicheren. Trotzdem gibt es viele Ortschaften, vielfach auch Ostseebäder, die ganz und gar auf Sand gebaut wurden. Schließlich bilden ja die weiten Sandstrände die am meisten gesuchten Ziele der Touristen.

Aber das Meer baut heute kaum noch auf, sondern trägt an vielen Stellen die Strände und Dünen ab. Deshalb sind inzwischen nicht wenige der wunderschönen hellen, feinsandigen Strände und der mit Strandhafer bewachsenen Dünen gar keine Bauwerke des Meeres, sondern des Menschen. Die Strände wurden an vielen Stellen aufgespült, die Dünen neu geformt und bepflanzt.

Foto:
Sandstrand und Dünenwall westlich von Dierhagen/Fischland – Hier wurden Strand und Düne mit großen Mengen von aufgespültem Sand „künstlich ernährt“ – nicht nur für die Strandurlauber, sondern auch für den Hochwasserschutz.

VERLANDUNGSKÜSTE
RÖHRICHTGÜRTEL UND SALZWIESEN

An stillen Uferzonen von Buchten, Bodden und Haffen gibt es ausgedehnte Areale, in denen sich Schlick ablagert. Er besteht aus Schluff, Ton und reichlich fein zerriebenen Pflanzenresten. Diese anfangs schlammigen Ablagerungen werden ganz langsam „landfest", sie verlanden. Das liegt hauptsächlich daran, dass sich auf dem nährstoffreichen Schlick rasch Pflanzen ansiedeln – meist ein **Röhrichtgürtel**, in dem zum größten Teil Schilf wächst. Bei Hochwasser lagert sich zwischen der Vegetation weiterer Schlick ab.

Werden derartige Flächen beweidet, wächst kein Röhrichtgürtel. Stattdessen entwickeln sich unter dem Tritt und Biss des Weideviehs kurzrasige Feuchtwiesen (Niedermoore). Sie sind geprägt durch „salzholde" Pflanzen und werden deshalb auch **Salzwiesen** genannt. Auch hier hat der Mensch an zahlreichen Stellen in die natürliche Entwicklung eingegriffen. Viele dieser Areale sind heute eingedeicht und werden entwässert.

Foto:
Verlandungszone – Salzwiesen mit Wiesenprielen – an der Udarser Wiek auf der Insel Ummanz westlich Rügen

Foto im Kreis:
Schilfgürtel am Großen Jasmunder Bodden bei Polchow/Rügen

UNRUHIGE OSTSEE

Das Meer formt seine Küste mit enormer Kraft – auch hier an der Ostsee, die bestimmt kein Ozean ist. Trotzdem rollen die vom Sturm getriebenen Wellen oft mit großer Gewalt gegen die Ufer. Und beständig, wenn auch ganz unregelmäßig, schwankt hier der Meeresspiegel – nicht etwa durch Ebbe und Flut verursacht, sondern ganz allein durch den Wind. Denn Gezeiten gibt es nicht in diesem kleinen Nebenmeer Ostsee. Auch wenn man hier zum Sturmhochwasser – nicht ganz exakt – **Sturmflut** und zum Niedrigwasser **Windebbe** sagt.

Während die Badeurlauber die geringen sommerlichen Pegelschwankungen an ihrem Strand meist kaum wahrnehmen, sind Küstenwanderer in der kälteren Zeit des Jahres oft überrascht: der breite Strand zeigt sich völlig überflutet. Bereits einen Tag später ist das Wasser weit unter seinen normalen Stand zurückgewichen. Solche Pegelschwankungen von einem Meter innerhalb von 24 Stunden gehören im Winterhalbjahr zur Normalität.

Hohe Wellen und starke **Brandung** kann es sowohl bei hohem als auch bei niedrigem Wasserstand geben. Die Höhe und Kraft der Wellen ist abhängig von der **Windwirklänge**. Je länger der Weg des Windes über freies Wasser führt, desto höher werden die Wellen.

Foto:
Sturmhochwasser mit starker Brandung bei Nordostwind vor Kap Arkona/Rügen

Foto im Kreis:
Windebbe – trocken gelaufene Flachwasserzone („Windwatt") östlich von Pramort/Zingst

Unruhige Ostsee

GEWALT DES MEERES

STURMFLUTEN FORMEN DIE KÜSTE

Sturmfluten mit hohem Wasserstand und anstürmenden Wellen sind die entscheidenden Ereignisse für die Gestaltung unserer Küste. Von einer Sturmflut spricht man, wenn das Wasser höher als einen Meter über Normal steigt. Das kann sich bis zu zehnmal im Jahr ereignen. Schwere Sturmfluten mit Wasserständen von mehr als eineinhalb Metern über Normal treten nur im Abstand von mehreren Jahren bzw. Jahrzehnten auf. Die bisher letzte ereignete sich im November 1995.

Die größte Kraft entfaltet das Meer bei Sturmhochwasser an jenen Küstenabschnitten, auf die der Sturm direkt (im rechten Winkel oder etwas schräg) auftrifft – also bei **auflandigem Wind**. Dann wird lockeres Material bis hin zur Größe von Geröllen in Bewegung gebracht, in großer Menge abgetragen und weggeführt. An der oft bis weit hinaus auf das Meer reichenden Trübung vor hohen Kliffen aus Mergel oder Kreide erkennt man, in welcher Menge das Wasser aufgeschwemmtes Material transportiert.

Die meisten Stürme an unserer Ostseeküste kommen aus westlichen Richtungen, besonders schwere auch aus Nordost.

Foto:
Sturmhochwasser arbeitet am Dünenkliff des Darßer Weststrandes unweit vom Leuchtturm Darßer Ort. Bei einem Wasserstand von etwa 1,20 Meter über Normal wird mit jedem Wellenschlag ein Stück der Düne weggetragen.

STURMFLUTEN
GROSSE KRÄFTE EINES KLEINEN MEERES

Die meist im Winter auftretenden Sturmfluten können zur Katastrophe werden. So im November 1872, als das Wasser in bis dahin kaum erreichter Höhe (siehe unten) gegen die deutsche Ostseeküste anstürmte, schwerste Schäden anrichtete und 271 Tote zu beklagen waren.

Kritische Wasserstände treten hier meist auf, wenn anfangs lang anhaltende West- und Südwestwinde das Wasser der Ostsee in den Bottnischen und Finnischen Meerbusen drücken und dort stauen. Strömt es dann mit Gewalt zurück und dreht der Wind gleichzeitig auf Nordost und entwickelt sich zum Sturm, so wird es an unserer Küste problematisch. Besonders gefährdet sind dann die Ufer von Buchten, die sich in Windrichtung öffnen. In ihnen staut sich das Wasser besonders hoch. Das über die Ufer tretende Wasser und die anstürmenden Wellen können dort die schlimmsten Folgen haben.

Die Pegelstände der Sturmflut von 1872 dienen heute als Richtwert für die Bemessung der Hochwasserschutzdeiche.

Pegelstände am 13. November 1872:
Flensburg 3,27 m
Kiel 3,30 m
Travemünde 3,34 m
Wismar 2,80 m
Warnemünde 2,43 m
Stralsund 2,39 m
Greifswald 2,86 m
über Normal

Foto:
Sturmhochwasser am 4. November 1995 am Strelasund in Stralsund – Wasserstand ca. 1,50 m über Normal

DYNAMIK DER STEILKÜSTEN

Foto:
Aktives Kliff aus Schreibkreide und Geschiebelehm am Kap Arkona/Rügen

Foto im Kreis:
Inaktives, bewachsenes Kliff aus Geschiebelehm mit vorgelagertem Geschiebeblockstrand am Wittower Nordstrand westlich von Kap Arkona/Rügen

Alle unsere Steilufer wurden und werden vom Meer geformt. Sie sind ein Ergebnis der Abtragung. Abgetragen werden fast ausschließlich Lockermassen – also von Natur aus lockere oder vorher durch Witterungseinflüsse gelockerte Ablagerungen. Das geschieht an den **aktiven Kliffen** der Steilküsten. Davon gibt es eine Menge an unserer Ostseeküste. Viele von ihnen weichen durch die Abtragung Jahr für Jahr um 20 bis 30 Zentimeter zurück. Das ist ein echter Verlust, denn Steilufer können zwar von der See abgetragen, aber natürlich nie wieder aufgebaut werden.

Sobald das Meer die herabgestürzten oder -gerutschten Lockermassen nicht mehr wegträgt, bilden diese am Steilufer eine Halde, die alsbald bewächst. Damit ist aus einem aktiven Kliff ein **inaktives Kliff** geworden. Solche inaktiven, oft bewaldeten Kliffe sind weit verbreitet und besonders an Buchten, Bodden und Haffen zu finden. Manche werden nach längerer Zeit, beispielsweise nach einer Sturmflut, wieder aktiv.

Aktive Kliffe zeigen oft so glatte, steile Wände wie auf der vorhergehenden Doppelseite. Nach einer langen Regenzeit, nach der Schneeschmelze oder nach einer Frostperiode ist dasselbe Ufer oft kaum noch zu erkennen. Durch **Abbrüche** und **Rutschungen** erscheint es völlig verändert.

Abbrüche wie auf dem Foto kommen meist durch **Frostsprengung** zustande. Sie wird dann wirksam, wenn sich ins Steilufer eindringendes Niederschlagswasser in feinen Spalten und Rissen (Klüften) ansammelt und dort gefriert. Dabei entwickelt sich ein enormer Druck, der das Kliff regelrecht sprengt – so wie gefrierendes Wasser eine Glasflasche.

Bei Frostsprengung lösen sich oft große, massive Mergel- und Lehmbrocken aus dem Steilufer. Beginnt das Meer, die Abbruchmassen abzutragen, so nimmt es natürlich zuerst alles Lockere mit. Die stabilsten Brocken bleiben – sauber gewaschen – oft noch längere Zeit auf dem Strand liegen. Sie erlauben dann dem Strandwanderer eine genauere Betrachtung der Ablagerungen, aus denen das Kliff besteht.

Foto:
Durch Frost zerstörtes aktives Kliff aus Geschiebemergel, Geschiebelehm, Schmelzwassersand und etwas Schreibkreide am Steilufer bei Mukran südwestlich von Sassnitz/Rügen

ZERSTÖRUNG DER KLIFFE
STEILUFER IN BEWEGUNG

Dynamik der Steilküsten

RUTSCHUNGEN UND SCHLAMMSTRÖME

NÄSSE BRINGT LOCKERMASSEN IN BEWEGUNG

Nach einer langen Regenzeit oder der Schneeschmelze gibt es an Steilufern aus Mergel und Lehm häufig **Rutschungen** und **Schlammströme.** Ursache dafür ist der quellfähige Ton, aus dem die Ablagerungen zu einem großen Teil bestehen. In das Steilufer eindringendes Wasser lässt die Tonpartikel im Mergel und Lehm aufquellen. Dabei verlieren diese im trockenen Zustand recht stabilen Ablagerungen ihre Festigkeit. Sie beginnen zu rutschen oder sogar langsam zu fließen. Hier wirkt allein die Schwerkraft. Kommt Frost hinzu, wird das Ganze noch verstärkt. Stellenweise ist auch das Abgleiten riesiger Schollen zu beobachten. Rutscht das Kliff auf gesamter Höhe ab, spricht man von **Grundbruch**.

Am Ausgang eines Winters sind die Strände vor den Steilufern durch Rutschungen und Schlammströme oft unpassierbar. Die Frühjahrsstürme räumen dann die Lockermassen meist restlos weg. Daher ahnen Strandwanderer, die der Küste nur im Sommer einen Besuch abstatten, kaum etwas von dieser beeindruckenden winterlichen Dynamik.

Foto:
Fischlandkliff zwischen Wustrow und Ahrenshoop mit Rutschungen und Schlammströmen nach einem Winter mit viel Schnee und häufigem Wechsel von Frost und Tauwetter

Foto im Kreis:
Fischlandkliff zwischen Wustrow und Ahrenshoop nach schweren Frühlingsstürmen, bei denen alle Lockermassen weggespült wurden

KREIDEAUSBRÜCHE

100 000 KUBIKMETER RUTSCHTEN AB

Foto:
Kreideausbruch an der Ernst-Moritz-Arndt-Sicht im April 1981

Foto im oberen Kreis:
E.-M.-Arndt-Sicht und Wissower Klinken im April 1999

Foto im unteren Kreis:
E.-M.-Arndt-Sicht und Wissower Klinken (nach deren Abbruch im Februar 2005) im April 2005

Die weitaus größten aller Uferausbrüche an der deutschen Ostseeküste ereignen sich an den Kreidekliffen im Nationalpark Jasmund auf Rügen. Dort gibt es immer wieder Ereignisse, die für Schlagzeilen sorgen. Im April 1981 kam es nördlich und südlich der Ernst-Moritz-Arndt-Sicht zu jenem gewaltigen Ausbruch, der auf dem Foto zu sehen ist. Dabei rutschten mehr als 100 000 Kubikmeter Kreide über 100 Meter weit ins Meer. Erst nach einigen Jahren hatte das Wasser diese voluminösen Ausbruchmassen völlig aufgearbeitet. Dagegen war der Abbruch, bei dem die Wissower Klinken 2005 ihre markante Zinne verloren, eher bescheiden.

Ausbrüche von Kreide ereignen sich oft an Stellen mit Streifen eiszeitlicher Ablagerungen. Aufgeweichter Geschiebemergel bildet dort die Gleitbahn. Zu **Abbrüchen** kommt es besonders nach Frostperioden an hohen, steilen Kliffen.

ABTRAGUNG UND TRANSPORT

DAS MEER VERFRACHTET LOCKERMASSEN

Treffen Hochwasser und Sturm zusammen auf die Steilküste, so wird dort Lockeres und Gelockertes abgetragen und verfrachtet. Kaum an einer anderen Stelle erkennt man das so gut wie an der Kreideküste. Wird dort die gelockerte Kreide bei Sturm aufgeschlämmt und weggetragen, so trübt sie kilometerweit das Wasser. Auch vor manchen Steilufern aus Mergel und Lehm gibt es bei Sturmhochwasser solche Trübungen. Nur aus nächster Nähe ist dagegen zu erkennen, dass auch Sand, Kies und Geröll bewegt werden.

Die aufgeschlämmten tonigen oder kalkigen Partikelchen (oft die größte Menge des Abgetragenen) gelangen meist weit hinaus aufs Meer, sinken dort langsam zu Boden und werden zu Schlamm. Sie gehen der Küste auf Dauer verloren.

Sand, Kies und Geröll wandern dagegen in der durch den Sturm verursachten Strömung im Flachwasser parallel zur Küste. Wie weit sie dabei verfrachtet werden, hängt ab von ihrer Korngröße und von der Transportkraft des Wassers. Diese Lockermassen bleiben also an der Küste oder in deren Nähe. Sie dienen dem Meer als Baumaterial für die Flachküsten.

Foto:
Die Kreideküste auf Rügen kurz nach einem Wintersturm – große Mengen an gelockerter Schreibkreide sind aufgeschlämmt und trüben die Ostsee.

Die von den Steilküsten abgetragenen Lockermassen – zum größten Teil Sand, untergeordnet Kies und Geröll – dienen dem Meer als Baumaterial für seine Flachküsten. Damit baut es Strandwälle, Sandhaken und Nehrungen. Diese Bauwerke werden überall gesäumt von sandigen Stränden. Vor ihnen, am Seeschlag und im Flachwasser, ist – abhängig vom Wellengang – beständig Sand in Bewegung. Er wird auf und ab, meist jedoch in eine Richtung transportiert. Während es bei normalem Wellengang nur unerhebliche Mengen sind, kann eine schwere Sturmflut die Flachküste völlig „umbauen“. Flachküsten sind also fast ständig in Bewegung.

Dem aufmerksamen Strandwanderer wird nicht entgehen, dass viele Strände im Winter schmaler erscheinen als im Sommer – auch bei normalem Wasserstand. Tatsächlich trägt das Meer bei Herbststürmen oft große Mengen von Sand weg und lagert sie auf ufernahen Sandriffen im Flachwasser ab. Deshalb ist der **Winterstrand** so schmal. Mit den Frühlingsstürmen kommt der Sand dann meist wieder zurück ans Ufer und bildet den breiten **Sommerstrand**. Das funktioniert aber leider nicht immer. Manchmal bringt erst die nächste Sturmflut (nach längerer Zeit) wieder neuen Sand mit. Bleibt er aber ganz weg, so muss der Strand notfalls „künstlich ernährt“, also aufgespült werden.

Foto:
Herbstlicher Strand und Düne an der Schaabe auf Rügen

DYNAMIK DER FLACHKÜSTEN

STRANDWÄLLE
BEI STURMFLUTEN AUFGESCHÜTTET

Die ausgedehnten Geröllfelder auf der Schmalen Heide liegen bei Neu Mukran zwischen Binz und Sassnitz auf Rügen. Sie sind das markanteste Beispiel für ein aus Geröll aufgebautes Strandwallsystem. Hier wirkten vor etwa 3.500 Jahren die Kräfte vieler gewaltiger Sturmfluten. Inzwischen sind diese Strandwälle, die zum allergrößten Teil aus Feuersteingeröllen bestehen, teilweise bewachsen.
Auch südlich der Feuersteinfelder liegen ausgedehnte, heute bewaldete Strandwälle. Sie bestehen aus feinerem Material und bilden zusammen mit den Feuersteinfeldern eine große Nehrung, die Schmale Heide.
Größere Strandwälle, die auch auf Dauer erhalten bleiben („landfest" werden), bilden sich nur bei Sturmhochwasser. Heute entstehen sie meist an sehr exponierten, kaum zugänglichen Stellen in Naturschutzgebieten an unserer Küste, beispielsweise am Darßer Ort auf dem Darß oder an Gellen und Bessin auf Hiddensee im Nationalpark Vorpommersche Boddenlandschaft.

Foto:
Die Feuersteinfelder auf der Schmalen Heide bei Mukran/Rügen sind Strandwälle, aufgeschüttet bei schweren Sturmfluten vor ca. 3.500 Jahren

Foto im Kreis:
Strandwall am Darßer Weststrand, aufgeschüttet nach einem schweren Wintersturm

Beispiele für andere Strandwallsysteme:
Neudarß bei Prerow/Darß, Baaber Heide/Rügen, Swine-Niederung /Usedom

SANDHAKEN UND NEHRUNGEN

BAUWERKE DER OSTSEE

Bei Sturmfluten aufgeschüttete Strandwälle sind der Ursprung aller großen Bauwerke des Meeres – der Sandhaken und Nehrungen. Am Beginn steht immer ein einzelner, im Flachwasser aufgeschütteter Strandwall, der oft hakenförmig gekrümmt ist und deshalb **Sandhaken** genannt wird. Lagern sich weitere Strandwälle an, so kann der Sandhaken viele Kilometer wachsen. Trifft er auf einen anderen Sandhaken oder auf ein nahes Ufer, so entsteht eine **Nehrung**. Schnürt die Nehrung eine kleinere Bucht ab, so entsteht ein **Strandsee** (Lagune).
Hier und da reihen sich Strandwälle auch hintereinander und bilden so ein **Höftland**. Zwischen den Wällen liegen dann oft schmale, lang gestreckte Strandseen, die meist rasch verlanden.

Foto:
Junge Sandhaken am Darßer Ort

Foto im Kreis:
Die Schaabe auf Rügen – eine zehn Kilometer lange Nehrung

Beispiele für größere Nehrungen:
Schmale Heide/Rügen,
Pudagla-Niederung/Usedom

Beispiele für größere Sandhaken:
Graswarder bei Heiligenhafen,
Gellen und Bessine/Hiddensee,
Bug/Rügen,
Peenemünder Haken/Usedom

Beispiele für größere Strandseen:
Großer Binnensee/Holstein,
Hemmelsdorfer See bei Lübeck,
Conventer See/Mecklenburg,
Kölpinsee/Usedom

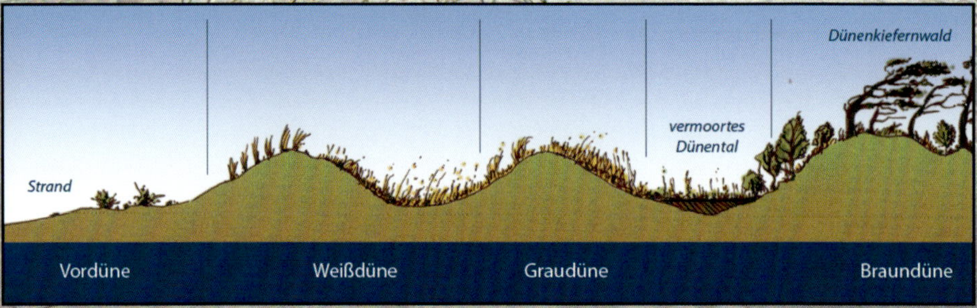
Dünenkiefernwald
vermoortes
Dünental
Strand
Vordüne
Weißdüne
Graudüne
Braundüne

KÜSTENDÜNEN

BAUWERKE DES WINDES

Sobald der Strandsand trocknet, beginnt ihn der Wind zu verwehen – längs oder quer zum Strand, aber auch landeinwärts. Dabei bilden sich an kleinen Hindernissen Sandfahnen, die langsam wachsen. So entstehen die niedrigen **Vordünen**. Können sie sich ungestört entwickeln, so werden sie zu mehrere Meter hohen Sandhügeln, zu **Weißdünen**. Auf ihnen siedeln sich Strandhafer und Strandroggen an, die mit ihrem dichten Wurzelwerk den Sand festlegen.

Lagern sich seeseitig weitere Dünen an, so durchsetzt erster Humus den Sand der älteren Weißdünen. Sie werden zu **Graudünen**, auf denen sich Moose, Flechten und feinere Gräser ansiedeln. Hat sich weiterer Humus angereichert, bewachsen die Graudünen mit Zwergsträuchern wie Heidekraut und Krähenbeere, sie werden zu **Braundünen**. Auf ihnen wächst dann schließlich ein Dünenkiefernwald heran.

Diese natürliche Entwicklung vollzieht sich heute nur noch an wenigen Stellen unserer Flachküsten. An die Stelle von Naturdünen sind die vom Menschen geformten und bepflanzten **Dünendeiche** getreten. Sie spielen eine wichtige Rolle beim Hochwasserschutz und werden deshalb auch sorgfältig gepflegt.

Foto:
Vordünen und Weißdünen am Darßer Ort

Grafik:
Dünenküste mit natürlicher Entwicklung (Schema)

DÜNENKLIFFE, WIESENKANTEN

DAS MEER ZERSTÖRT EIGENE BAUWERKE

Bauwerkes des Meeres besitzen kaum Stabilität. Sie können bei Sturmfluten rasch wieder abgetragen werden. Ändern sich beispielsweise Küstenverlauf oder Tiefen- und Strömungsverhältnisse vor der Küste, so rückt das Meer wieder gegen die Ufer der Flachküste vor – gegen seine eigenen Bauwerke. Diese sind zwar durch ihren Bewuchs vor allzu rascher Abtragung geschützt. Trotzdem kann die Ostsee bei einem schweren Sturmhochwasser das Ufer an einem **Dünenkliff** innerhalb weniger Stunden um mehrere Meter zurückschneiden – so wie es das Foto vom Darßer Weststrand zeigt. Als Extremwert wurden hier stellenweise etwa 40 Meter Landverlust innerhalb von 48 Stunden beobachtet.

Dünenkliffe bilden sich bei Sturmfluten auch an den vom Menschen geformten Dünendeichen. Hier kann es ebenfalls zu erheblichen Verlusten kommen.

An flachen Ufern von Buchten und Bodden mit Salzgrasland entstehen bei der Abtragung charakteristische „Mikrokliffe" – sogenannte **Wiesenkanten**.

Foto:
Dünenkliff am Darßer Weststrand nach einer Sturmflut

Foto im Kreis:
Wiesenkante an einer Salzwiese am Varbelvitzer Bodden/Rügen

KÜSTE IM WINTER

GEWALT DES SCHIEBENDEN EISES

Längs der Wasserlinie mancher Geschiebeblockstrände häufen sich die Findlinge. Sie sind zusammengeschoben. Viele von ihnen sind tonnenschwer. Das Wasser ist auch bei Sturmflut nicht in der Lage, solche Brocken zu bewegen – sehr wohl aber das schiebende Eis.

Etwa aller zehn Jahre gibt es einen Eiswinter, in dem sich auch vor der Außenküste Eis bildet. Die Bodden und Haffe vereisen öfter. Werden Eisschollen vom Sturm gegen die Küste gepresst, so entfalten sie eine enorme Kraft. Tausende Tonnen von Eisschollen schieben sich dann am Ufer zu mehrere Meter hohen Wällen zusammen. Dieses Eis kann sogar die größten Findlinge bewegen. Manchmal wirkt es auch direkt an den Ufern, schürft die Strände aus oder dringt in den Küstenwald ein und knickt dort die Bäume.

Foto:
Vom Packeis geschobener, etwa drei Tonnen schwerer Findling vor dem Saalsufer von Klein Zicker auf Mönchgut/Rügen

Foto im Kreis:
Packeis im Küstenwald am Palmer Ort auf dem Zudar/Rügen

MENSCH UND KÜSTE

Beeindruckende Küstenlandschaften mit unveränderter Natur und herrlich breiten Stränden – das wünschen sich alle, die an der Ostsee ihren Urlaub oder ihre Freizeit verbringen. Die hier leben und arbeiten erwarten außerdem eine größtmögliche Stabilität der Küste und eine optimale Sicherheit vor Sturmfluten.

Unsere Küste soll also landschaftlich schön, zugleich aber sicher sein. Oberstes Gebot: Menschen und Siedlungen vor Sturmfluten zu schützen. Dem dienen alle Maßnahmen zum **Hochwasserschutz**, also hauptsächlich die Deiche.

Mit **Küstenschutz** wird versucht, die Küstenlinie möglichst stabil zu halten, die Abtragung möglichst gering. Dazu gibt es u. a. Buhnen und Uferschutzmauern. Außerdem werden viele Strände durch Aufspülung von Sand „künstlich ernährt“ – ein wirkungsvoller, aber zeitlich sehr begrenzter Küstenschutz, der oft wiederholt werden muss. Allein an der Küste von Mecklenburg-Vorpommern hat man in den vergangenen 20 Jahren rund 15 Millionen Kubikmeter Sand aufgespült.

Küstenschutz wird hauptsächlich dort betrieben, wo vorhandene materielle Werte gefährdet sind oder Urlaubsstrände abgetragen werden. In Naturschutzgebieten und Nationalparken wird darauf verzichtet. Die von den staatlichen Stellen nach bestem Wissen und Gewissen getroffenen Entscheidungen zum Küstenschutz werden aber kaum dem Wunsch jedes einzelnen Bürgers entsprechen.

Foto:
Sommerstrand vor Koserow/Usedom, Blick zum Streckelsberg

KÜSTENSCHUTZ
BUHNEN, MAUERN, DECKWERKE

Unsere Küste ist in beständiger Bewegung. Viele Steilufer weichen Jahr für Jahr um 20 oder 30 Zentimeter zurück. Mancher wünscht sich daher eine stabile Küstenlinie. Die könnte man mit sehr hohem technischem Aufwand realisieren. Damit wäre es aber nicht nur mit der landschaftlichen Schönheit der Küste vorbei. Man würde auch den natürlichen Sandnachschub für die benachbarten Strände unterbinden.
An einigen Stellen wurde versucht, die Abtragung der Steilküste durch **Ufermauern** oder massive **Deckwerke** zu verhindern. Das Ergebnis war meist ähnlich: das Meer bediente sich dafür an anderer Stelle, trug dort Ufer und Strände ab und vertiefte das Wasser davor. Deshalb wird heute meist auf derartige Bauwerke verzichtet.
Mit **Buhnen** versucht man, den küstenparallelen Sandtransport zu verlangsamen – besonders dort, wo Strände neu aufgespült werden. Allein in Mecklenburg-Vorpommern hat man in den vergangenen 20 Jahren rund 1.200 neue Buhnen errichtet. Die gewünschte Wirkung haben diese Buhnenfelder leider nicht sehr lange. Sie müssen regelmäßig erneuert werden.

*Foto:
Die Huckemauer (rechts) vor dem Dornbuschkliff bei Kloster/ Hiddensee gilt als Beispiel für unbeabsichtigte Wirkungen von Küstenschutz: Seit ihrem Bau 1937-39 trägt das Meer vor Kloster und weiter südlich den Strand ab, der nun – durch einen weiteren Steinwall nur schlecht geschützt – immer wieder neu aufgespült werden muss.*

*Foto im Kreis:
Buhnenfeld vor der Flachküste bei Koserow/Usedom*

Strand
Küstenschutzwald
Ostsee
Bodden
Dünendeich
Außendeich
Boddendeich
Boddendeich

HOCHWASSERSCHUTZ

DEICHE SCHÜTZEN DIE FLACHKÜSTEN

Weite Gebiete an unserer Ostseeküste liegen so niedrig, dass sie bei Sturmfluten von Überflutungen bedroht sind. Daher sind die meisten Siedlungen in diesen Arealen durch Deiche geschützt. 117 Kilometer Deiche gibt es in Schleswig-Holstein. Vorpommern hat 42 Kilometer See- und 142 Kilometer Boddendeiche sowie 144 Kilometer Hochwasserschutzdünen (Dünendeiche). Ihre regional unterschiedliche Höhe wurde nach den „Bemessungs-Hochwasserständen" der Sturmflut von 1872 festgelegt. Wie zuverlässig die Deiche sind, wird erst die nächste katastrophale Sturmflut zeigen – die schwerste liegt länger als 100 Jahre zurück. Die nächste kommt bestimmt. Problematisch wird es dann in allen Hafenstädten an der deutschen Ostseeküste. Deren niedrig gelegenen Areale sind kaum geschützt. Hier sind die schlimmsten Folgen zu befürchten.

Alle Deiche und Hochwasserschutzdünen müssen fortlaufend gepflegt, repariert oder sogar erneuert werden. Denn die Naturkräfte arbeiten beständig an ihnen. In Mecklenburg-Vorpommern wurden in den vergangenen 20 Jahren 280 Millionen Euro für Küsten- und Hochwasserschutz ausgegeben.

Foto:
Deich bei Gristow am Strelasund, Krone 3,30 m über Normal

Grafik:
Hochwasserschutz an der deutschen Ostseeküste (Schema)

KÜSTE ENTDECKEN UND ERLEBEN

Wandern an der Küste …

… gehört zu den schönsten Naturerlebnissen. An den Sandstränden der Flachküsten ist das problemlos – in jeder Jahreszeit, bei jedem Wind und Wetter, entsprechende Kleidung vorausgesetzt. Beim Weg über Geröllstrände ist festes Schuhwerk angebracht – und größte Vorsicht bei Frost. Wenn gefrierendes Spritzwasser die Gerölle mit einer dünnen Eisschicht überzieht, wird es sehr glatt.
Bei hohem Wasserstand kann es sein, dass die Strände vor den Steilufern überflutet sind. Dann sollte man zurückgehen und keinesfalls an den Steilufern klettern. Das trifft auch zu, wenn dort Ausbrüche oder Rutschungen den Weg versperren. Sie zu überqueren heißt oft, im Schlamm zu versinken.
Wirklich gefährlich sind Wanderungen unter den Steilufern, wenn Nässe oder Frost die Kliffe instabil werden lassen. Besonders bei hohem Wasserstand und dadurch sehr schmalen Stränden kann es dort lebensgefährlich werden – das zeigen die Erfahrungen: immer wieder gibt es überraschend vom Steilufer herabstürzende Brocken, Abbrüche oder Rutschungen. Jeder Strandwanderer muss allein entscheiden, welches Risiko er eingeht. Nicht immer wird er ausdrücklich gewarnt. So wie überall in der Natur, ob nun im Gebirge oder am Meer, ist er stets für sich selbst verantwortlich. Und Rücksicht zu nehmen auf die Natur, auf die Tier- und Pflanzenwelt – das gehört für Naturfreunde zur Selbstverständlichkeit beim Wandern an der Küste.
Wer mehr wissen möchte über Kliff und Strand, findet in der rechten Spalte einige Bücher zu diesem Thema.

Bücher & Karten …

HUPFER, Peter
Die Ostsee –
kleines Meer mit großen Problemen
ISBN 978-3-443-01068-3
Verlag Gebr. Borntraeger Stuttgart 2010

KÖSTER, Hansjörg
Die Ostsee
Eine Natur- und Kulturgeschichte
ISBN 978-3406493621
C.H. Beck Verlag München 2002

NIEDERMEYER, Ralf-Otto u. a.
Die deutsche Ostseeküste
Sammlung geologischer Führer Bd. 105
ISBN 978-344-3-15091-4
Verlag Gebr. Borntraeger Stuttgart 2011

REINICKE, Rolf
Küsten der Ostsee
ISBN 978-3-7688-2469-9
Delius Klasing Verlag Bielefeld 2008

REINICKE, Rolf
Inseln der Ostsee
ISBN 978-3-88412-356-0
Delius Klasing Verlag Bielefeld 2006

Küsten-Landkarten
aus dem *verlag grünes herz*
(Ilmenau und Ostseebad Wustrow)

Wanderkarten 1:50.000
Darß, Fischland, Zingst, Rostocker Heide
ISBN 978-3-86636-032-7
Rügen, Hiddensee 978-3-86636-031-0
Usedom bis Misdroy 978-3-86636-033-4

Fahrradkarten 1:75.000
Lübeck - Boltenhagen 978-3-86636-060-0
Wismar - Rostock 978-3-935621-73-6
Darß, Fischland, Zingst, Recknitztal 978-3-86636-065-5
Rügen, Hiddensee 978-3-929993-99-6
Usedom, Wollin 978-3-935621-70-1

REGISTER

Foto:
Außenstrand
vor Kölpinsee/Usedom

AUTOR
und Mitarbeiterin

Seit vier Jahrzehnten sind sie gemeinsam an der Küste unterwegs – der Autor **Rolf Reinicke** und seine Ehefrau **Inge Reinicke.** Sie sind an der Ostsee sehr oft und weit gewandert, haben dabei selbst entdeckt, erlebt, fotografiert und dokumentiert. Tausende von Fotos brachten sie von ihren ausgedehnten Strandwanderungen mit nach Hause, so auch alle, die man in diesem Buch findet.

Der Geologe Rolf Reinicke (geb. 1943) gilt als hervorragender Kenner der gesamten Ostseeküste und als exzellenter Landschaftsfotograf. Für seine zahlreichen Bücher – auch für dieses – lieferte er alle Fotos und Texte. Seine Ehefrau hatte das Lektorat. Sohn **Matthias Reinicke**, studierter Grafik-Designer, lebt und arbeitet heute in Victoria/BC (Kanada). Er steuerte die Grafiken bei.

Küstenbücher
von Rolf Reinicke
im Demmler Verlag

Steine am Ostseestrand
4. Auflage 2009
ISBN 978-3-910150-75-1

Funde am Ostseestrand
1. Auflage 2008
ISBN 978-3-910150-76-8

Feuersteine Hühnergötter
2. Auflage 2010
ISBN 978-3-910150-78-2

Nordseefunde
1. Auflage 2010
ISBN 978-3-910150-85-0

Mönchgut
1. Auflage 2011
ISBN 978-3-910150-92-8

Usedom
1. Auflage 2011
ISBN 978-3-910150-91-9

Fotos, Bücher und Vorträge
von Rolf Reinicke:
www.kuestenbilder.de